BEI GRIN MACHT SICH IHR WISSEN BEZAHLT

- Wir veröffentlichen Ihre Hausarbeit, Bachelor- und Masterarbeit

- Ihr eigenes eBook und Buch - weltweit in allen wichtigen Shops

- Verdienen Sie an jedem Verkauf

Jetzt bei www.GRIN.com hochladen und kostenlos publizieren

Sebastian Behr

Beschleunigung der Moderne: Zeit und Raum

Kritische Auseinandersetzung mit Hartmut Rosas Theorie der sozialen Beschleunigung

GRIN Verlag

Bibliografische Information der Deutschen Nationalbibliothek:

Die Deutsche Bibliothek verzeichnet diese Publikation in der Deutschen National-
bibliografie; detaillierte bibliografische Daten sind im Internet über http://dnb.d-
nb.de/ abrufbar.

Impressum:

Copyright © 2009 GRIN Verlag GmbH
Druck und Bindung: Books on Demand GmbH, Norderstedt Germany
ISBN: 978-3-656-70353-2

Dieses Buch bei GRIN:

http://www.grin.com/de/e-book/277522/beschleunigung-der-moderne-zeit-und-
raum

Friedrich-Schiller-Universität Jena   SoSe2009

Institut für Geographie

GEO 425 „Gesellschaft und Raum"

Beschleunigung der Moderne: Zeit und Raum

Kritische Auseinandersetzung mit Hartmut Rosas Theorie der sozialen

Beschleunigung

Seminararbeit

vorgelegt von:

Sebastian Behr

Studiengang: Geographie (M.Sc.)

Semester: 2

Abgabedatum: 28.09.2009

Inhaltsverzeichnis

1 Einführung 2

   1.1 Problemdarstellung 2

   1.2 Aufbau der Arbeit und Vorgehen...2

2 Raum und Zeit, Beschleunigung und Moderne...4

   2.1 Zeit ohne Raum oder Zeit und Raum? 4

      Raum-Zeit-Verständnis von Rosa...4

      Raumvergessenheit 5

      Raum und Zeit als untrennbare Einheit..5

   2.2 Zeitdefinition und kognitives Zeitverständnis 6

   2.3 Exkurs Zeitgeographie 8

   2.4 Zeitverknappung, Beschleunigung und Moderne 9

      Soziale Beschleunigung..9

      Sachzwanglogik der Produktion 10

      Konsumtion 11

      Komplexitätsanstieg...11

   2.5 Sozial kulturelle Differenzen auf der subjektiven Ebene.......................12

3 Konsequenzen der Beschleunigung 14

   3.1 Globalisierung und (Post)moderne 14

   3.2 Raumauflösung – Raumkompression 15

   3.3 Stillstand, Gegenwarts- und Zeitschrumpfung.......................................15

   3.4 Beharrungen in der Beschleunigung 17

4 Praktische Umsetzungsvariante – kulturelle Unterschiede der Zeit- und

Beschleunigungswahrnehmung 19

      Determinanten der differenzierten Zeitwahrnehmung...........................19

      Individuelle Faktoren der differenzierten Zeitwahrnehmung 20

      Orte der Ereigniszeit 20

5 Schlussfolgerungen...21

   5.1 Rosas kritisches Ende der Theorie der sozialen Beschleunigung 21

   5.2 Kritische Auseinandersetzung mit der Theorie der sozialen Beschleunigung..21

   5.3 Kritische Zusammenfassung und ein anderer Ausblick..........................22

Literatur...24

1 Einführung

1.1 Problemdarstellung

Es ist schon paradox, da helfen vielerlei kleine technische Innovationen das soziale Leben zu beschleunigen, beziehungsweise Zeit zu sparen (SURY 2006:6) und dennoch lässt uns das Gefühl nicht los, keine Zeit zu haben (vgl. LEVINE 2008:41ff.). Wir kaufen CD Player, DVD Player in stetig technisch raffinierteren Varianten und dazu die passenden Musik, Filme oder sogar auch mal ein Buch. Und trotz immer rascheren Möglichkeiten (DVD in das Abspielgerät legen, auf „Play" drücken und wir scheinen in einer anderen Welt zu sein), konsumieren wir unseren Erwerb aufgrund von *Zeitmangel* dennoch nicht. Da die gekauften Dinge nicht mehr angeeignet werden, kommt das befriedigende Gefühl des Besitzes einer Sache nicht mehr auf. Aus Frustration und Enttäuschung kaufen wir stetig weiter (ROSA 2009:12). Die erdrückende Warenflut, die schier unendliche Flut an Einkaufsmöglichkeiten, lässt keine Chance, das Mangelgefühl je zu beseitigen. Unsere (freie) Zeit verschwenden wir mit dem Kaufentscheidungsprozess.

Diese Einführung soll keine empirisch nachweisbare Verallgemeinerung darstellen, doch hat jeder schon so oder ähnlich empfunden. Hartmut ROSA (EBD.) geht in seinem aktuellsten Artikel („ich bin pleite") der Frage auf dem Grund, warum in einer Gesellschaft der Moderne mit immensen Technikfortschritten, sich ein subjektives Gefühl des Zeitverlustes und die Angst, Lebensarm zu sterben, manifestiert hat.

In dieser Arbeit wird schemenhaft die Theorie der sozialen Beschleunigung von Hartmut ROSA angesprochen, um die Beschleunigung der Moderne sowie die Verbindung von Zeit und Raum zu paraphrasieren. Im folgenden Verlauf werden der Aufbau sowie das Vorgehen dieser Arbeit spezifiziert.

1.2 Aufbau der Arbeit und Vorgehen

Im zweiten Teil wird auf das soziologische sowie sozialgeographische Begriffsverständnis von Raum und Zeit sowie Beschleunigung und Moderne eingegangen, um ein theoretisches Grundverständnis des aktuellen Forschungsstandes zur Beschleunigungsthematik aufzubauen. Im dritten Abschnitt geht es um die Konsequenzen einer beschleunigten Gesellschaft. Dies bezüglich bildet die Theorie der sozialen Beschleunigung die Grundlage des zweiten sowie dritten Abschnittes. Im vierten Abschnitt wird

eine praktische Umsetzungsvariante der Theorie der sozialen Beschleunigung dargestellt, indem unterschiedliche Merkmale der Zeit- und Beschleunigungswahrnehmmung
verschiedener Kulturen ausgearbeitet werden. Dadurch wird aufgezeigt, dass das in
unserer modernen Gesellschaft subjektiv empfundene Gefühl des Zeitverlustes nicht
allerorts inhärent ist. Eine Schlussfolgerung mit kritischer Reflexion schließt diese Arbeit ab.

Die Arbeit wird auf Dokumentenanalyse – vornehmlich Textanalyse – gestützt, um die
Wissens- beziehungsweise Theoriebestände der jeweiligen Autoren zum Thema
Beschleunigung der Gesellschaft hermeneutisch zu erarbeiten und neues Wissen zu
generieren. Darüber hinaus wurde eMail Kontakt zum Autor (Hartmut Rosa), aufgebaut,
um Verständnisfragen, sowie über einen kritischen Diskurs, einige Eckpunkte der Theorie der sozialen Beschleunigung zu klären. Leider konnte Rosa während der Arbeitser-
stellung recht wenig Zeit diesbezüglich aufwenden. So wurde auf kritische Texte
diverser Autoren zurückgegriffen, welche bei angebrachten Textpassagen sowie im
fünften Abschnitt Ausdruck finden.

2 Raum und Zeit, Beschleunigung und Moderne

2.1 Zeit ohne Raum oder Zeit und Raum?

„Wer von der Zeit redet, muss auch vom Raum reden" (ROSA 2005a:60).

Frugal ausgedrückt ist Raum die Ordnung der Dinge im Nebeneinander und Zeit die Ordnung der Dinge im Nacheinander. Aus Mangel an fruchtbringenden zeitsoziologischen Arbeiten, geht ROSA (2005a:20ff. & 65f) nicht weiter auf eine Begriffsdefinition von Zeit ein. Im weiteren Verlauf wird daher auf Rosas Raum-Zeit-Verständnis in seiner Theorie der sozialen Beschleunigung eingegangen und kritisch durch Aussagen von BORMANN (2001), GIDDENS (1997), NASSEHI (2008) und WERLEN (2007) umrissen. Die soziologische Bedeutung von Zeit wird im Verständnis von FRANCK (2002), LEVINE (2008), LUHMANN (1994), NASSEHI (2008) und ZOLL (1988) im Kapitel 2.2 ergänzt.

Raum-Zeit-Verständnis von Rosa

Das grundlegende Raum-Zeit-Verständnis von ROSA (2005a:60) beruht auf den Sachverhalt, dass die Raumerfahrung in der biologischen Entwicklung der Menschheit (Phylogenese) sowie der individuelle Entwicklung (Ontogenese) einer Zeiterfahrung voraus geht (vgl. SCHALTENBRAND 1988:47ff.).

Ontogenetisch wird von einem Kleinkind Raum als erstes wahrgenommen. Als Bezugspunkt gilt die „Wirkung der Gravitationskraft" auf die „Sinn- und Bewegungsorgane" (ROSA 2005a:61). Diesbezüglich entwickelt sich die Raumorientierung vor der Zeitorientierung. Denn eine zeitliche Orientierung – „die Fähigkeit, zeitliche Abstände oder die Dauer von Ereignissen abzuschätzen" (EBD.) – entwickelt sich nachdem ein Kind gelernt hat, oben mit unten sowie rechts mit links zu unterscheiden. Phylogenetisch prägen „soziale Rhythmen", welche sich an „lokal beobachtbaren Differenzen" (z. B. Tag und Nacht) festmachen lassen ein „zeitliches Vokabular" (EBD.).

Jedoch ändern sich nach ROSA (EBD.) Zeitstrukturen und diese Veränderungen im „Raum-Zeit-Regime" gehen von einer Veränderung der soziologischen Temporalstruktur aus. Ein an HARVEYS (1990:205) Arbeit angelehntes Beispiel überzeugt ROSA (2005a:61f.), dass es sich bei der subjektiv wahrgenommenen *Raumschrumpfung*, um eine Folge des Temporalstrukturwandels handeln muss. Die Innovationen der Eisenbahn oder gar des Flugzeuges bedingen eine zunehmend raschere Überwindung von räumlichen Distanzen. Und erst diese „temporalen Beschleunigungsprozesse" verursachen eine Kompression des Raumes durch die Zeit (Kap. 3.2). ROSAS (2005a:62)

These ist daher, dass es kein „*[...] eigenständiges räumliches Veränderungsmoment in der Moderne [gibt]; der Wandel der spatiotemporalen [(raumzeitlichen)] Strukturen wird primär durch ihre temporale Veränderungsdynamik angetrieben*". ROSAs Konzept beinhaltet demnach den Grundgedanken, dass Zeit einen soziologischen und Raum einen anthropologischen Vorrang besitzt (EBD.:62f.).

Raumvergessenheit

Der Ursprung des soziologischen Grundkonzeptes, dass die Bedingungen des Raumes erst durch die Zeit diktiert werden, kann unter anderem bei Emmanuel KANT (1838:72ff.) nachgelesen werden. Kants These war, dass Raum und Zeit gegebene „notwendige Vorstellung" (KANT 1974:72 zit. in SCHROER 2006:42) sind, jedoch Raum auf alle äußeren Erscheinungen eingeschränkt ist und Zeit allen Erscheinungen überhaupt zu Grunde liegt (KANT 1838:71). Damit herrscht Zeit unmittelbar über den äußeren Erscheinungen und somit diktiert nach KANT (1838:72) Zeit die Bedingungen im Raum.

Zeit wird stetig als das „sich selbst vereinende" abstrahiert und scheint in der Bedeutungszuweisung „als die eine" (LATKA 2003:231) verstanden zu werden. Raum dagegen verliert zusehend an Bedeutung (EBD.:232). Um das zu Beginn aufgeführte Beispiel auszubauen; weitere Innovationen in der Informationstechnologie tragen dazu bei, „dass räumliche Hindernisse für soziales Geschehen immer weniger eine Rolle spielten" (EBD.:232). Raum gerät in die Bedeutungslosigkeit und Zeit wird als knappe, bedeutsame Ressource verstanden. Somit stellt LATKA (2003:233) fest, dass in vielen soziologischen und wirtschaftswissenschaftlichen Arbeiten die These gilt; „raumgebundene Modelle" entsprechen nicht mehr unserem „Zeitgeist".

Raum und Zeit als untrennbare Einheit

Dem gegenüber erkennt der Soziologe NASSEHI (2008:346), dass Zeit nicht „als Seiendes" vorliegt, sondern durch „psychische" oder „soziale Operationen" entsteht. Philosophie- und Sozialwissenschaften haben jahrelang Zeit und Raum als getrennte Kategorien mit apriorischen Charakter betrachtet, aber vor allem in der Geographie wird Zeit als „Medium und Resultat sozialen Handelns" (BORMANN 2001:166) verstanden und somit als untrennbar mit Raum wiedervereint. Alle Subjekte haben gemein, dass der Organismus selbst räumlich und das Leben zeitlicher Natur ist. Somit verkörpern die Subjekte gleichermaßen Raum und Zeit (FRANCK 2002:62). Demgemäß bemerkt der Soziologe GIDDENS (1997:161). „dass Zeit und Raum, gerade in alltäglichen Routinen untrennbar miteinander verbunden sind". Soziales Handeln beziehungsweise soziale

Operationen postulieren, aufgrund der Körpergebundenheit von Individuen, eine stetige Verräumlichung und die Handlung selbst wird im Bewusstsein durch „Verstreichen von Zeit angezeigt" (WERLEN 2007:145 & 151). Oder anders ausgedrückt, „räumliche Phänomene aller Art [sind] als Resultat sozialen Handelns zu begreifen" (BORMANN 2001:304), welches bewusste, erfahrbare Zeit in Anspruch nimmt.

Somit kann abschließend ROSAs These der Raumkompression (vgl. Kap. 3.2) und der damit einhergehenden soziologischen Zeitbevorzugung kritisch hinterfragt werden. ROSA nimmt lediglich HARVEYs Zeit-Raum-Kompressionstheorie als Grundlage welche davon ausgeht, dass „Raum als etwas Formbares und somit der Unterwerfung durch den Menschen Zugängliches zu begreifen ist" (LÖW & STURM 2005:39). HARVEY geht also nicht von einem sozialen, sondern den von NEWTON eingeführten „absoluten Raum" (zit. in SCHROER 2006:35) aus und seine „Idee einer Kompression von Zeit und Raum [basiert auf der Idee] einer Reduzierung von Raum auf Grund und Boden" (LÖW & STURM 2005:39). In HARVEYs Konzept bleibt der Raum als Resultat sozialen Handelns ein blinder Fleck und dementsprechend gilt dies für ROSAs Theorie der sozialen Beschleunigung. Wenn aber Raum nicht mehr die Hülle ist, „in dem sich soziale Prozesse abspielen", so stellt sich die Frage, „wo finden die verschiedenen Aktionen und Handlungen dann statt" (SCHROER 2006:161f.)? Entsteht durch die modernen Möglichkeiten der Erreichbarkeit vormals isolierter Orte nicht neuer Raum (EBD.:164)? Und kommt es in der Quintessenz nicht zu einer Raumvermehrung aufgrund des technischen Fortschrittes im Transport- und Kommunikationswesen?

Nach NASSEHIS (2008:346) Worten ist Zeit erst ein Resultat von Operation. Dies kombiniert mit GIDDENS (1997:161) und WERLENS (2007:145 &151) Ausführungen, lässt die Schlussfolgerung zu, dass es durch soziale Handlungen zu einer stetigen Raumproduktion kommt und der soziale Raum tritt nicht als „[zeit]abhängige Variable" in den Hintergrund (ROSA 2005a:63), sondern Raum und Zeit befinden sich gleichermaßen in Abhängigkeit und ohne das Eine, existiert das Andere nicht.

2.2 Zeitdefinition und kognitives Zeitverständnis

Wurde das Raumverständnis und damit einhergehend der Zusammenhang von Zeit und Raum analysiert, so bleibt die Frage nach einer strikten Zeitdefinition offen. Zeit ist ein vielfach verwendeter Terminus, jedoch ist Zeit genau die Erfahrung, die selbst vom begreifenden Verstand von Wissenschaftlern und Denkern nicht zu fassen ist (FRANCK

2002:76). Demnach folgen lediglich einige aktuelle Verständniserklärungen, aber keine allgemeingültige Begriffsdefinition.

Historisch betrachtet entwickelte sich das heutige Verständnis von Zeit aus der zyklischen Naturzeit (ZOLL 1988:14). Erst die „Exteriorisierung der Zeit" sprich, die Umsetzung der Zeit auf eine klare chronologische Bestimmung, „macht Zeit bewusstseinfähig und veränderbar" (EBD.). Dies gilt als wesentlicher Entwicklungsschritt der heutigen koordinierten Gesellschaft. Die chronologische Gesamtordnung der Zeit wird auch als die *Parameter Zeit* zusammengefasst. Sie ist homogen, symmetrisch und die Qualität ist ortsunabhängig (FRANCK 2002:73).

LUHMANN (1990:124) beschreibt Zeit „als Interpretation der Realität im Hinblick auf eine Differenz von Vergangenheit und Zukunft", was jedoch nicht ohne eine gesellschaftliche Übermittlung von Veränderungserfahrungen sowie des Eigenbewusstseins sich selbst als „Ausgangspunkt für sein eigenes *timing*" (EBD.) zu sehen, funktioniert. Aber auch bei Momenten der Nichterfahrung von Veränderungen, ist Zeitwahrnehmung möglich, so dass sie „Mitgift organischen Lebens für ihre Vermählung von Kultur" (EBD.) zu sein scheint. NASSEHI (2008:346) bearbeitet diese Problematik deutlicher, indem er zwischen psychischen und sozialen Operationen unterscheidet. Gerade psychische Operationen bedingen noch keine Veränderung und gleichwohl entsteht durch sie ein kognitives Zeitverständnis. Diese Aussage sollte jedoch nicht in die stets kritisierte Raumvergessenheit münden, weil unsere eigene physiologische Körperlichkeit Raum bedingt, „denn der Körper ist Ort des handelnden Selbst" (GIDDENS 1997:89).

Interessante Ansätze liefert auch LEVINE (2008:58ff.). Er Unterscheidet die Zeit in Ereigniszeit und mechanische Zeit und beschreibt das Wirken von unterschiedlichen Erfahrungen auf die psychologische Uhr (kognitives Zeitbewusstsein) und beweißt so, dass die psychologische Uhr je nach erfahrenem Ereignis, völlig anders als die chronologische mechanische Uhr tickt (EBD.:71ff.). Anders gesagt, differierende Ereignisse nimmt unser kognitives Zeitbewusstsein im Vergleich zur chronologisch mechanische Uhr anders war. So erscheinen langweilige fünf Minuten ohne besondere Tätigkeiten, wie Stunden und ein spannender Film, wie wenige Minuten (EBD.:69ff.). Sobald ein Subjekt in ursprüngliche Lebensverhältnisse zurückkehrt, geht das Bewusstsein für eine mechanisch chronologische Zeitvorstellung verloren (EBD.:115). Nur die phylogenetisch geprägten sozialen Rhythmen, welche sich an „lokal beobachtbaren Differenzen" wie Tag- und Nachtunterschiede oder anderen Naturzyklen orientieren (ROSA 2005a:61), lassen ein Ereigniszeitgefühl übrig. Es kann daher unterschieden werden, ob ein Subjekt die Zeit nach phylogenetischen Ereignissen oder durch chronologische Abstände der mechanischen Uhr wahrnimmt. So wird ein Subjekt aus einer hoch dynamischen Gesellschaft, Zeit vornehmlich in chronologische Einheiten einteilen und ein Subjekt einer geringen dynamischen Gesellschaft, die Zeit eher nach Ereignissen wahrnehmen. Dieser Ansatz wird im Kapitel 2.5 vertieft.

2.3 Exkurs Zeitgeographie

Da die Begriffe Raum und Zeit sowie deren Verständnis in der Soziologie und Geographie geklärt wurden, folgt ein Diskurs in die Thematik der Zeitgeographie. So kann eine Verknüpfung von Raum- und Zeitfragen in einem praktischen geographischen Ansatz nach Torsten Hägerstrand und der Lundschule sowie deren Weiterentwicklungen aufgezeigt werden.

Die Zeitgeographie ist dem Zeitverständnis der Parameterzeit angesiedelt (vgl. Kap. 2.2). Zeit und Raum werden als begrenzte Ressource mit begrenzten Möglichkeiten betrachtet (Constraints) (FRANCK 2002:70). Diese unterschiedliche „Constraints", also entsprechende Zwänge und Grenzen, die aufgrund der physischen und biologischen Eigenschaften des menschlichen Körpers gegeben sind, stehen in Beziehung der Aktivitäten von Subjekten (YU & SHAW 2007:104 & 108ff.). HÄGERSTRAND (zit. in EBD.) unterschied diese Zwänge in „Capability Constraints" (Zwänge durch physiologische Eigenschaften sowie der zur Verfügung stehenden Ressourcen im Raum), „Authority Constraints" (generelle Regeln und Institutionen, die es nicht ermöglichen an bestimmten Orten zu bestimmten Zeiten zu sein, z. B. Ladenöffnungszeiten) und „Coupling Constraints" (Erwartungen von anderen Subjekten an die eigene Rolle, z. B. Pünktlichkeit aller Teilnehmer an einem Meeting).
Unter der Vorraussetzung, Bewegungen im Raum sind auch Bewegungen in der Zeit, kann ein dreidimensionales Diagramm erstellt und die „space-time-paths" einzelner Subjekte nachgezogen werden (EBD.).

In der weiterentwickelten Zeitgeographie von GIDDENs gibt es fünf Zwangsmomente, welche „Handeln in Zeit und Raum Grenzen setzen" (zit. in SCHROER 2006:110). Einer dieser Zwangsmomente besagt, „dass Bewegungen im Raum stets auch Bewegungen in der Zeit sind" (EBD.). Verknüpft mit ROSAS (2005a) Raum-Zeit-Verständniss bedeutet dies, wenn Raum aufgrund von Kompressionsprozessen an Essenz verliert, so würde auch Zeit akzident. Diesbezüglich wäre ROSAs Ansatz, dass der Wandel der raum-zeitlichen Strukturen primär durch temporale Veränderungsdynamiken angetrieben wird (EBD.:62) kontradiktorisch.

Da das alte Konzept der Zeitgeographie, „cannot portray individuals' characteristics in the Age of Instant Access", findet im aktuellen Forschungsverlauf eine Übertragung in den „virtual spaces" statt (YU &SHAW 2005:7 & EBD. 2007:110f).

2.4 Zeitverknappung, Beschleunigung und Moderne

1994 konstatiert LUHMANN (144), dass das stetig wachsende subjektive Gefühl der Zeitverknappung wissenschaftlich noch zu wenig ergründet wurde. Im folgenden Verlauf wird anhand ROSAs Theorie der sozialen Beschleunigung diese Frage expliziert.

Soziale Beschleunigung

Soziale Beschleunigung ist eine Form der Erfahrung der modernen Gesellschaft (ROSA 2005a:15) und lässt sich in drei Ebenen beschreiben (Abb. 1).

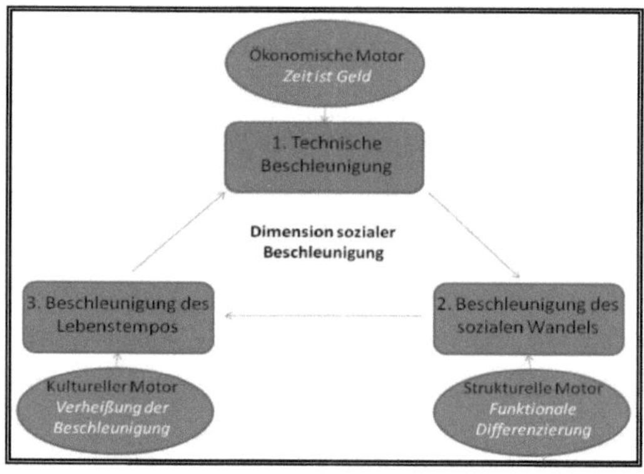

Abb. 1: **Externe Triebkräfte der Beschleunigung** (ROSA 2005a:309 eigene Erstellung)

(1) Die *technische Beschleunigung* bezeichnet eine zielgerichtete Beschleunigung einzelner Vorgänge der Produktion, der Kommunikation und des Transportes (EBD.:124). Somit ist der Motor, welcher die technische Beschleunigung antreibt, die Ökonomie. Die technischen Innovationen dienen dem Zeitsparen und die Prozesse sind absichtsvoll und zielgerichtet (ROSA 2008:o.A.).

(2) Die *Beschleunigung des sozialen Wandels* drückt eine steigende Veränderungsrate der Praxisformen, Handlungsorientierungen, Assoziationsstrukturen und Beziehungsmuster in Bereichen wie Beruf, Partner, Partei, Familienstrukturen und ähnlichem aus

(ROSA 2005a:129). Dies bedeutet ein stetiges und in immer kürzeren Abständen Umschreiben der Sozialbereiche und anknüpfend wird eine Perspektive der Gegenwartsschrumpfung postuliert (Kap. 3.3) (EBD.:131ff.). Da sich die Strukturen ständig ändern, ist ein stetiges Neuerlernen und Umorientieren erforderlich.

(3) Die *Beschleunigung des Lebenstempos* kann als Steigerung der Handlungs- und Erlebnisepisoden pro Zeiteinheit verstanden werden (EBD.:135). Zu nennen sind die Verkürzung von Schlaf- und Essenszeiten sowie auch der Versuch der Verkürzung der Zeitabstände zwischen zwei Ereignissen (EBD.). Es kommt zu einer Verdichtung der Handlungsepisoden. Dies wiederum führt zum subjektiv empfundenen Gefühl der Zeitknappheit. Einher geht die Angst, den Beschleunigungszwang nicht mithalten zu können – den Anschluss zu verlieren (EBD.:136).

Sachzwanglogik der Produktion

Die soziale und technische Beschleunigung sowie die Steigerung der Handlungs- und Erlebnisepisoden weisen eine enge Verbundenheit mit dem Wirtschaftswachstum auf (ROSA 2004:83, 114ff.) (Abb.1). In der Wirtschaft ist Zeit Geld. Dies führt zu einer dreiteiligen Sachzwanglogik.

(1) Produktivitätsgewinne werden erreicht, wenn der Produktionsfaktor *Zeit* stetig gesenkt werden kann (EBD.:83).

(2) Im sozialen Umfeld gibt es aufgrund des permanenten wirtschaftlichen Wachstumsdrucks stetig mehr (Erlebnis-)Güter und weitere Produktionsgewinne sind erreichbar, wenn mehr Güter verkauft werden. Dahingehend wird nicht nur quantitativ mehr, sondern es wird auch stetig schneller produziert, kommuniziert und transportiert (ROSA 2005a:118).

(3) Die „handlungsorientierten Erfahrungen und Erwartungen" (ROSA 2005b:14) verfallen zunehmend aufgrund der Komplexität und dynamischen Entwicklung der Technik, was als Verkürzung der jeweiligen Handlungssphären empfunden wird. Das Paradoxon, dass immer schnellere Geräte oder Programme Zeitersparnisse ermöglichen sollten und dennoch ein zunehmendes Zeitverknappungsgefühl herrscht (ROSA 2005a:114), lässt sich dadurch erklären, dass die Komplexität der stetig neu entwickelten, hochtechnologischen Geräte oder Programme „verhindert, dass die Menschen [...] ihre Arbeit effizienter, und das meint auch schneller, verrichten können" (FÜLGRAFF 1997:50). Nur stetig neue, komplexere Güter führen – auf Kosten des Gefühls der Zeitverknappung – zu weiteren Wachstumsraten.

Konsumtion

Aber nicht nur die steigende Innovationsrate ist für das Zeitmangelempfinden verantwortlich, sondern auch der damit einhergehende Konsum. Wie in der Einleitung schon beschrieben, kommt es aufgrund unendlich scheinender Möglichkeiten des Konsums, nicht mehr zu einer Einstellung des Mangelgefühls. ROSA & LORENZ (2009:11) bemerken, dass gerade dann „wenn die grundlegende Versorgung gesichert ist" und sich eine Bedürfnisbefriedigung einstellen könnte, „der ökonomische Wettbewerb und die Produktivität umso mehr gesteigert" werden. Dies wird soweit getrieben, dass gekaufte Güter keinen verbindlichen Charakter mehr besitzen (EBD.:14). „Beschleunigung erfordert einen hohen Grad an Unverbindlichkeit und Austauschbarkeit von Gütern" (EBD.), welche vorher lediglich als Mittel zur Grundbedürfnisbefriedigung dienten. Güter wandeln sich zu kurzfristigen „Erlebnisbesitz" und je geringer die „Erlebnisepisode" des Gutes ist, desto schneller wir ein neues eingekauft. Die eigentliche Konsumzeit (Konsumieren eines Gutes) wird durch die Einkaufszeit ersetzt (EBD.:14f.). ROSA & LORENZ (2009:15) These ist daher, dass „Konsumgüter selbst [...] eine Zeitstruktur [mitbringen], die für Beschleunigungspotenziale relevant ist". So beschleunigen gerade billige, kurzlebige Konsumgüter unser Leben.

Das „Getriebensein [...] durch Anpassungszwänge [...] [sowie] soziale Anerkennung" als auch der Wunsch, „immer mehr in begrenzt verfügbarer Zeit realisieren zu können", bedingen den Zeitdruck und die -knappheit (EBD.:16). Begünstigt wird dies durch die zwanghafte Verbreitung von (Erlebnis-)Gütern, so dass ein „Möglichkeitsüberschuss" (ROSA 2005a:297) besteht, welcher mit der knappen, physiologisch bedingten Zeit, nicht mehr konsumiert werden kann. Grundsätzlich lässt sich also sagen, je reicher eine Gesellschaft an Gütern ist, desto geringer ist ihr Zeitbudget und umgekehrt (ROSA 2008:o.S.).

Komplexitätsanstieg

LUHMANN (1994:145ff.) sieht das Gefühl der Zeitverknappung in einem Anwachsen der „Strukturen und Prozesse" sowie in einem hohen Institutionalisierungsgrad beziehungsweise einer Komplexitätssteigerung der Gesellschaft verankert. Zum Beispiel erzeugen Termine bei einem intensiv spezialisierten Subjekt neue Termine (EBD.:147). Darüber hinaus werden Fristen, welche Termine bedingen, als Zeitdruck empfunden. Dieser Zeitdruck kann aufgrund eines hohen Institutionalisierungsgrad nicht durch ausbleiben der Termine gelindert werden, denn die Folgeschäden wären immens

(EBD.:148). Und je mehr Fristen, desto geringer die Zeit für „nicht gebundenes Handeln" und somit das Gefühl der Zeitknappheit (EBD.).

Alle genannten Ansatzpunkte haben gemein, dass Beschleunigung und damit einhergehend das Gefühl der Zeitverknappung eine hohe Vielschichtigkeit von „Strukturen und Prozessen" (EBD.:145) in einer sozial kulturellen Umwelt voraussetzt. Die immensen Produkt-, Technik- sowie sozialen Steigerungsraten übersteigen die Beschleunigungsraten, so dass die Subjekte schlussendlich nie *up to date* sein können und ein Sättigungs- oder Erfüllungsgefühl nicht mehr erreicht wird (vgl. ROSA 2005a:114ff.). Diese Entwicklungen führen zur „Steigerung des Verhaltenstempos und der zeitlichen Präzisierung des Verhaltens" (LUHMANN 1994:145), was das Gefühl der Zeitverknappung hervorruft. Dies wiederum erzeugt einen neuen Drang nach technischer Beschleunigung und kurbelt schließlicht den Beschleunigungsdruck weiter an. Ein Teufelskreis entsteht (ROSA 2008:o.S.).

2.5 Sozial kulturelle Differenzen auf der subjektiven Ebene

Auf Subjektebene betrachtet hängt das Bewusstsein, das Erfahrungsmoment der Beschleunigung, von der Zeitstruktur der „sozial und kulturellen Umwelt" (ROSA 2005a:14) ab. Ist der „Möglichkeitshorizont" und somit die Dynamik (vor allem die technologische) einer sozial kulturellen Umwelt hoch, so ist die Beschleunigungswahrnehmung ebenfalls hoch. Dies bedeutet, ein temporäres Ausscheiden aus dieser Umwelt führt zu Verpassungsängsten, welches ROSA (2005a:190) als *slipping-slope-Phänomen* beschreibt. Denn eine dynamische Umwelt verändert sich kontinuierlich weiter und wer sich nicht auf den neusten Stand hält, dem droht der Verlust des Anschlusses (EBD.:13f. & 190f.).

Gegenteilig gesehen, ist die Beschleunigungswahrnehmung in einer sozial kulturellen Umwelt mit geringer Dynamik kaum ausgeprägt, beziehungsweise nicht vorhanden. Denn die Tätigkeiten, die alltäglichen Routinen, wiederholen sich stetig, da die Möglichkeitshorizonte vorgegeben sind (ZOLL 1988:12). Oder wie es LUHMANN (1994:145 & 149) treffend frugal formuliert, „in einer einfachen Welt würde auch Zeit nicht knapp werden können", denn die Zeit ist durch wiederkehrende Rhythmen „sakraler und profaner Ereignisse gegliedert und dadurch geschlossen".

Ist für ein Subjekt der gering dynamischen Umwelt die Zukunft immanent, weil sich die Erfahrungen aus der Vergangenheit stets wiederholen, so ist für ein Subjekt der hoch dynamischen Umwelt die Zukunft transzendent, da die Vergangenheit aufgrund der raschen, suggestiven Dynamik „radikal verschieden" ist (ROSA 2005a:13ff.). Letzteres Subjekt steht im Zeichen der Moderne, da die „Beschleunigung von Prozessen und Ereignissen [...] ein Grundprinzip der modernen Gesellschaft" nach ROSA (2005a:15) ist.

3 Konsequenzen der Beschleunigung

3.1 Globalisierung und (Post)moderne

Die Begriffe wie Zweite Moderne, Spätmoderne oder Postmoderne signalisieren eine neue „Entwicklungsstufe innerhalb des gesellschaftlichen Paradigmas der Moderne" (ROSA 2005a:335). Die Moderne wird nach ROSA (2005a:460), als „die Wahrnehmung der progressiven Dynamisierung und Verkürzung von ereignis-, prozess- und veränderungsbezogenen Zeitspannen" ab der Neuzeit verstanden. Somit ist die Wahrnehmung von Beschleunigung entsprechend gleich der Erfahrung von Moderne und damit eng verknüpft (ROSA 2008:o.A.).

ROSA (2005a:336) konstatiert, dass es einen Beschleunigungsschub ab den 1970er Jahren gab. Eine *politische Revolution*, die *digitale Revolution*, die *mobile Revolution* und die *ökonomische Revolution* treffen in einem sehr kurzen Zeitraum aufeinander und begünstigen sich gegenseitig. Summiert betrachtet sind diese Entwicklungen als „Form der Globalisierung" (EBD.:338, 461) zu verstehen. Das diese Prozesse schon vor vielen Jahrhunderten vorkamen, ist nicht neu (vgl. WERLEN 2007:212), jedoch die „Geschwindigkeit und Widerstandslosigkeit" bedingen erst die Globalisierung (ROSA 2005a:339).

WERLEN (2007:215) sieht in der Globalisierung die Simplifizierung des „Handeln[s] über Distanzen" sowie aufgrund der Innovationen in der Telekommunikation, die „ortsunabhängige Verfügbarmachung von Informationen" (EBD.) und die „Intensivierung von Kommunikationsbeziehungen über nationale Grenzen hinweg" (SCHROER 2006:195). Auch die Globalisierung ist Ausdruck des sozialen Handelns (WERLEN 2007:197) und kann nicht mit (beschleunigter) Zeit alleine erklärt werden. Sie ist an „moderne Raum- und Zeitkonzeptionen gebunden" (EBD.:199), welche an die „entsprechenden Erkenntnis- und Handlungsfähigkeiten" (EBD.) der Subjekte geknüpft sind. Globalisierung ist somit als „Konsequenz des Handelns der Subjekte" (EBD.:215) zu verstehen. Und diese Subjekte können nun mehr am „weltweiten Netz von gesellschaftlichen Interaktionsformen" (RONNEBERGER & SCHMIED 1995:357 zit. in EBD.:214) teilnehmen. Dies bedeutet eben auch, dass handelnde Subjekte Handlungen in fern distanzierten Orten beeinflussen (SCHROER 2007:215).

Nach HARVEY (1990) und anknüpfend ROSA (2005a), bedingen die Globalisierung verknüpft mit der Revolutionen im Transport- und Kommunikationswesen, die schon erwähnte sowie kritisierte *Raumkompression,* welche im folgenden Kapitel spezifiziert wird.

3.2 Raumauflösung – Raumkompression

Wird der Annahme nachgegangen, dass Zeit sich vom Raum gelöst hat (denn die mechanische Uhrzeit ist qualitativ unabhängig vom Ort), kann eine Veränderung der Raumwahrnehmung durch „temporale Beschleunigungsprozesse" (ROSA 2005a:62), als die „Vernichtung des Raumes durch die Zeit" (HARVEY 1990:205 zit. in ROSA 2005a:62) dargestellt werden. Wie in Kap. 2.1 erläutert, entwickelt sich die Zeitwahrnehmung phylogenetisch aufgrund der beobachtbaren lokalen Bedingungen sowie sozialer Rhythmen. Also war Zeit von Ort zu Ort unterschiedlich (vgl. LEVINE 2008:101ff.). Jedoch die Erfindung und die einhergehende weltweite Allgemeingültigkeit einer Uhrzeit, machte die Zeitbestimmung ortsunabhängig (Exteriorisierung der Zeit) (ROSA 2005a:162). Nach ROSA (EBD.) ist dies die Emanzipierung der Zeit vom Raum.

Des Weiteren wird aufgrund der Innovationen im Transportwesen, der Raum durch die Zeit ersetzt. Somit schrumpft nach ROSA (2005a:164) der Raum „für viele soziale und kulturelle Vorgänge". Das Gefühl der Raumschrumpfung ist verankert im subjektiven Raumbewusstsein, in dem „Sich-im-Raum-Fortbewegens" (EBD.). Erst durch die Innovationen im Transportwesen ist es möglich, Raum in immer kürzeren Abständen zu durchqueren. Demgemäß haben sich die Beziehungen zum Raum durch die Beschleunigungsprozesse im Transportwesen geändert.

Die Revolution des Internets macht schlussendlich die Spitze der Raumauflösung aus (EBD.:166). Paul VIRILIO sieht als Konsequenz den endgültigen Stillstand, denn jegliche Kommunikation und viele Arbeitsprozesse können nun von einem Ort überall hin getätigt werden. So scheint es, dass „die ganze Welt [...] zu einer Stadt [wird]" (VIRILIO 1993:41).

Im weiteren Verlauf wird auf analoge Formen der Kompression (Schrumpfen und Stillstand) in Verbindung mit Zeit eingegangen.

3.3 Stillstand, Gegenwarts- und Zeitschrumpfung

Ein nächstes Paradoxon ist, dass Beschleunigung eigentlich Stillstand produziert. ROSA (2005a:16) erkennt einen strukturellen und kulturellen Stillstand in der Gesellschaft, eine „Erstarrung der Geschichte, in der sich *nichts Wesentliches* mehr ändere". Anders ausgedrückt, durch den dynamischen technologischen Fortschritt, wird das Leben entzeitlicht (ROSA 2004:86). Es kann jederzeit alles passieren und eine einheitliche Lebensrichtung ist nicht mehr erkennbar. Im historischen Kontext zeigt dies auf, dass „der soziale Wandel [...] so schnell und kontingent [ist], dass er keine erkennbare Gesamtbewegung, keine Richtung mehr zu haben scheint" (EBD.). Die Gegenwart, welche als ein bestimmter „Zeitraum der Dauer und Stabilität" (ROSA 2005b:13) definiert werden kann, schrumpft (vgl. Kap 2.5). Und diese Dynamik in der *Beschleunigung des sozialen Wandels* (Kap. 2.4), wie zum Beispiel bei Mode, in Beziehungen oder im Beruf, bedingen das subjektive Empfinden einer Gegenwartsschrumpfung (ROSA 2005a:462).

Ein weiteres, sozialpsychologisch erklärbares Paradoxon des Gefühls der Zeitschrumpfung beziehungsweise des „rasenden Stillstandes", wird anhand der Nutzung von Telekommunikations- und Visualmedien begründet (EBD.:385). Die durch Innovationen gewonnene Freizeit wird häufig mit Fernsehen oder Computerspielen verbracht. Diese Medien erzeugen eine vom Lebenskontext herausgelöste Ereigniswelt, welche nicht mit der Geschichte und der eigenen Identität verknüpft werden kann. Solche Erinnerungsspuren werden rasch gelöscht und rückblickend bleibt ein Gefühl des Zeitrasens (EBD.:470). Anders gesagt, die Erinnerungen scheinen zu schrumpfen, da die Medien (Fernsehen, Computer, etc.) kaum Erinnerungsspuren hinterlassen (EBD.). Es manifestiert sich ein Gefühl des Zeitverlustes und der Zeitverschwendung. Diese Gesellschaft ist „erlebnisreich [genauso] wie erfahrungsarm" (EBD.).

Andere Autoren haben sich schon vor ROSA mit dem Gefühl der „Gegenwartsschrumpfung" auseinandergesetzt. Hermann LÜBBE (1997:131) stellt ein Wachsen der „Innovationen pro Zeiteinheit" im Kulturbereich, der Forschung und Entwicklung fest. Dies bedingt eine Abnahme der Jahre, die retrospektiv bedeuteten, in eine vertraute Vergangenheit zu blicken. Übertragen auf die Subjekte einer hoch dynamischen sozial kulturellen Umwelt impliziert, dass die Vergangenheit in stetig kürzeren Abständen tendenziell befremdlicher beziehungsweise unverständlicher wird (vgl. EBD.). In einer hoch dynamischen Gesellschaft schrumpft der Blick Richtung Zukunft genauso, wie der Blick in die Vergangenheit, denn die Lebensverhältnisse werden in kurzen Abständen nicht mehr gleich sein (vgl. EBD.). Es geht demnach bei LÜBBE (EBD.) um die Verkürzung der Zeiträume, „für die wir mit einiger Konstanz unserer Lebensverhältnisse rechnen können".

Rainer ZOLL (1988:10) postuliert in der Universalisierung der Medien eine Art „Krise der Zeiterfahrung", welche sich als „Unfähigkeit, Gegenwart zu erfahren" manifestiert. Über 15 Jahre vor Rosa erkennt er, dass Subjekte durch technische Fortschritte sowie rascherem Konsumieren (Fast Food) Unmengen an Zeit gewinnen, aber immer weniger davon haben (EBD.:10f.); *je mehr Zeit wir sparen, desto weniger Zeit haben wir.*

3.4 Beharrungen in der Beschleunigung

ROSA (2005a:139) erkennt, dass die biologischen Konstanzen nicht mehr als natürliche Geschwindigkeitsgrenzen der Beschleunigung gesehen werden können. Dies betrifft nicht nur Menschen, sondern alle natürlich biologischen sowie auch geophysikalischen Erscheinungen (EBD. 139f.). Denn es ist belegbar, dass Verschiebungsversuche dieser natürlichen Geschwindigkeitsgrenzen erfolgreich sind (EBD.:140). Somit sind keine Barrieren für eine absolute Geschwindigkeitsgrenze vordefiniert (vgl. EBD.:140ff.).

Aber es kann Beharrung in einer beschleunigten Gesellschaft auftreten. Die massenhafte Produktion von Autos hat dazu geführt, dass sich viele Menschen ein Auto leisten und so seit Jahren die durchschnittliche Verkehrsgeschwindigkeit auf den Straßen singt. Verkehrstaus sind eine paradox scheinende Nebenfolge der beschleunigten Welt (EBD.:144). Diese so genannten *Synchronisationsprobleme*, treten in sozialen, wissenschaftlichen und ökonomischen Funktionssphären stetig auf (EBD.:485).

Auch ideologisch gesehen neigen Subjekte dazu, Beharrung und Stillstand zu favorisieren. Sei es als *Aussteiger* in eine Entschleunigungsinsel (EBD.:143 & 147), wie Parteien, Vereine und die Familie oder als *Einsteiger* in eine Sekte oder der Drogenkultur (EBD.:147). Dies sind Folgewirkungen eines inhärenten Beschleunigungsdruckes und gelten nicht als andauernd oder fortwährend (EBD.:154). Denn ein Subjekt der hoch dynamischen sozial kulturellen Umwelt kann sich für einige Zeit auf einer Entschleunigungsinsel befinden, mit dem Risiko den Anschluss an seine Umwelt zu verlieren (*Slipping-Slope-Phänomen*). Diese Auszeit jedoch auch nutzen, um eine weitere Beschleunigungssteigerung zu erreichen (vgl. EBD.:464).

Eine letzte zu erwähnende Verlangsamung des Beschleunigungsprozesses ist auf rein psychologischer-, neurologischer Ebene zu verorten. Depressionen gelten als eine Ausstiegsreaktion des gesellschaftlichen Beschleunigungsdruckes (EBD.:144 nach SCHULTER-STRATHAUS 1999:29). Eine Depression erscheint als ein zähes Stillstehen der Zeit und ein Gefühl der Zukunftslosigkeit manifestiert sich. So entsteht die Empfindung des „rasenden Stillstandes in pathologischer Reinform (ROSA 2008:o. S., ROSA 2005a:387f. nach BAIER 2000:157f.; LEVINE 2008:70).

4 Praktische Umsetzungsvariante – kulturelle Unterschiede der Zeit- und Beschleunigungswahrnehmung

Unter anderem haben sich Robert LEVINE (2008) und Julia JOHANNSEN (2004) zur Aufgabe gemacht, die Psychologie der Zeit im Zusammenhang mit der Psychologie verschiedener Kulturen zu analysieren. Diese Ausarbeitung verdeutlicht schemenhaft, dass Zeitwahrnehmung, Beschleunigungsdruck oder Zeitknappheit in einer gering dynamischen sozial kulturellen Umwelt nicht so wahrgenommen werden, wie in einer industriellen, beziehungsweise postindustriellen Kultur mit einer hohen sozial kulturellen Beschleunigungsdynamik. Zudem wird dargestellt, dass es in beiden Umwelten individuelle Unterschiede gibt.

Determinanten der differenzierten Zeitwahrnehmung

LEVINE (2008:22) geht davon aus, dass Orte „von ihrer jeweiligen Kultur und Subkultur geprägt [sind]" und somit auch ein unterschiedliches Lebenstempo besitzen. Die Untersuchungen beruhen auf Signifikanten, welche ein Vorhandensein genereller Unterschiede zwischen Orten und Kulturen aufweisen (EBD.:23). Dahingehend wurden vier Ebenen (Determinanten) ausgemacht, welche die Differenzen zwischen einer schnellen und langsamen Kultur ausmachen.

Einer dieser Determinanten ist die *Wirtschaft*, denn LEVINE (2008:38) stellt fest, „je gesünder die Wirtschaft eines Ortes, desto höher sein Tempo". Hier sollte jedoch hinterfragt werden; determiniert die Wirtschaft die Lebensgeschwindigkeit oder determiniert die Lebensgeschwindigkeit die Wirtschaft in einem Ort? Seine Arbeit deckt dennoch auf, „je entwickelter ein Land ist, desto weniger Zeit bleibt pro Tag" (EBD.:41). Und diese „Ironie der Moderne" (EBD.) wurde mehrfach von ROSA (2005a) und LUHMANN (1994:144) betont.

Weitere Determinanten, welche ein unterschiedliches Lebenstempo und somit den Beschleunigungsdruck ausmachen, sind die *Einwohnerzahl* eines Ortes, das *Klima* sowie die *kulturellen Werte* (LEVINE 2008:46f.). Gerade klassisch individuelle Kulturen (USA, Mitteleuropa) zeigen eine höhere Geschwindigkeit auf, als traditionelle Kollektivkulturen (EBD.:48). Die Begründung ist, dass individualistische Kulturen mehr Wert auf Leistung legen, als die kollektivistischen Kulturen. Ein ähnliches Ergebnis lieferte die Studie von JOHANNSEN (2004) in der Mensa der Uni Göttingen. Sie deckt auf, dass im Kollektiv mehr Zeit zum Essen benötigt wird, als von Individualpersonen (EBD.:51). Wenn also soziale Beziehungen den Vorrang haben, zeichnet sich ein entspannteres

Verhältnis zur Zeit ab (LEVINE 2008:49). Gerade in kollektivistischen Kulturen wird Zeit- und Beschleunigungsdruck verabscheut (EBD.:49f. nach BOURDIEU 1963:55ff.).

Individuelle Faktoren der differenzierten Zeitwahrnehmung

Dennoch herrschen individuelle Zeitwahrnehmungsunterschiede in beschleunigten oder beschleunigungsresistenten Orten (EBD.:50ff.). Auch die Studie an der Uni Göttingen deckt auf, dass Subjekte welche aus einer gering dynamischen sozial kulturellen Umwelt stammen und in eine hoch dynamische sozial kulturellen Umwelt ziehen, unterschiedliche Interpretationen der Zeitwahrnehmung besitzen können. Nicht jeder Afrikaner lebt nach der Ereigniszeit (JOHANNSEN 2004:51f.). So wurde sichtbar, dass die Zeitwahrnehmung, ob nach entspannter Ereigniszeit oder nach stressiger chronologischer Ordnung gelebt wird, von der finanziellen Situation der befragten afrikanischen Studenten determiniert ist (EBD.:52). Dass Besitz und Geld das kognitive Zeitbefinden beeinflussen, konnte zudem HARVEY nachweisen (zit. in LÖW & STURM 2005:39).

Eine weiteres Ergebnis ist, dass „im Gespräch mit ausländischen Studierenden zahlreiche Bestätigungen für das Fünkchen Wahrheit in vielen Vorurteilen" gefunden wurde (JOHANNSEN 2004:55). Und weiter, „Kultur prägt die Zeitwelt, jedoch bestimmt sie sie nicht allein" (EBD.). Demnach spielen die vier Ebenen nach LEVINE (2008:38ff.) (Wirtschaft, Ortsgröße, Klima und Kultur) sowie persönliche Lebensziele, moralische oder religiöse Wertvorstellungen, Geschlecht, gesellschaftliche Stellung die entscheidende Rolle der Beschleunigungswahrnehmung in der individuellen Zeitwelt (JOHANNSEN 2004:55 & LEVINE 2008:42ff.). Dies sind all diejenigen Faktoren, welche das individuelle, aber auch flexible „Zeit-Milieu" eines Subjektes prägen (JOHANNSEN 2004:55).

Orte der Ereigniszeit

Überdies gibt es auch heute noch Orte und Kulturen, in denen das chronologische Zeitverständnis völlig fremd ist, die unabhängig jeglicher Beschleunigung existieren und ihr Leben nach der Ereigniszeit richten (LEVINE 2008:122). So entwickeln diese Kulturen ihre Zeit nach Aktivitäten oder Ereignissen. Diese phylogenetische Zeiterfahrung ist jedem Individuum biologisch angeboren. Lediglich die Kultur, in welche das Individuum hineinwächst, übermittelt das chronologische oder das Ereigniszeitbewusstsein (vgl. LUHMANN 1990:124). Demnach kann ein Subjekt, welches nach chronologischer Zeiterfahrung erzogen wurde, auch wieder in eine Lebensweise der Ereigniszeit versinken (vgl. LEVINE 2008:127ff.).

5 Schlussfolgerungen

5.1 Rosas kritisches Ende der Theorie der sozialen Beschleunigung

ROSAS (2005a:486ff.) Schlussfolgerung kommt einer Chaostheorie nahe. Denn das empfindliche System der sozialen Beschleunigung kann sich entweder stabilisieren (EBD:486), oder die Menschheit gibt sich dieser – der Moderne – hin (EBD:487), oder ein „Griff zur Notbremse" wird getätigt, um sich gegenüber der verselbstständigenden Beschleunigungskräfte durchzusetzen (EBD:488). Dies würde eine Revolution gegen das Fortschrittsdenken bedeuten. Eine letzte Möglichkeit jedoch ist, dass die soziale Beschleunigung „ungebremst" (EBD:489) bis zum endgültigen Zusammenbruch weiter schreitet. Verbunden ist dies mit dem kompletten Zusammenbruch der Ökosysteme sowie der Sozial- und Werteordnung. ROSAS (EBD.) Ende kommt einer Apokalypse gleich, denn er sieht eine Gesellschaft, welche sich durch nukleare, klimatische und virale Katastrophen vernichten wird. Auf diesen Grundgedanken soll nun aufgebaut werden und ein fünftes, besseres Ende der Beschleunigungsgeschichte gefunden werden (EBD:490).

5.2 Kritische Auseinandersetzung mit der Theorie der sozialen Beschleunigung

Schon im Verlauf der Arbeit wurde, wo es angebracht schien, Kritik zu ROSAs (2005a) Verständnis von Raum und Zeit geäußert. Somit wird nur kurz auf einige letzte kritische Punkte aufmerksam gemacht.

Die Beschleunigung der Techniken und die einhergehende Komplexitätssteigerung müssen nicht konsequenterweise zu einer Zeitverknappung führen. Sprich, Beschleunigung ist nicht nur das Problem, sondern auch eine Lösung (NASSEHI 2008:13). Die Innovationen richtig eingesetzt können dabei helfen, Aufgaben sowie Arbeiten so zu ordnen, das neue Freiräume geschafft werden (nachweisbar anhand wachsender Freizeit). Die durch den Beschleunigungsdruck entstehenden Strukturen „setzen den Handelnden nicht nur Grenzen, sondern eröffnen [...] auch Möglichkeiten" (SCHROER 2006:109). Und auf die Möglichkeiten welche Subjekte haben, geht ROSA (2005a) nicht weiter ein, was NASSEHI (2008:15) kritisiert:

> *Wie kann man die breite Diskussion um die praxeologische Formierung von Subjekten, um die praktische Herstellung subjektiver Adressen und um Subjektivierungen so systematisch ignorieren?*

Des Weiteren schließen die Telekommunikationsmedien Gesellschaftlichkeit nicht aus, sondern können als weiterer Grad der Intensivierung von Vergesellschaftung verstanden werden. Denn es ist dem Subjekt nicht möglich, die komplexe Technik allein herzustellen. Nur komplizierte koordinierte Mechanismen in der Gesellschaft verhelfen zu diesen Technikfortschritten, welche die Kommunikation via Telefon oder Internet erst ermöglichen.

Um Schlussendlich bei den neuen Medien zu bleiben. Mehrfach wurde erwähnt, dass diese zu einer vollständigen Raumauflösung führen (VIRILIO 1993, ROSA 2005). Vor allem Telefonie und Internet stehen „unter dem Verdacht, Grenzen zum Verschwinden zu bringen, weil sie räumliche Entfernungen mühelos überwinden" (SCHROER 2006:252). Aber werden im Cyberspace auch neue Grenzen geschaffen. Ein neuer, virtueller Raum entsteht. Dementsprechend geht Raum nicht verloren und auch die Gesellschaft verliert sich nicht im Cyberspace, sondern eine zweite, virtuelle Gesellschaft entsteht (SCHROER 2006:252). Es ist die Schaffung, einer neuen, utopischen Welt die neues, anderes Handeln ermöglicht und so neuartige Räume schafft.

5.3 Kritische Zusammenfassung und ein anderer Ausblick

Raum und Zeit an sich sind keine knappen Quellen. Erst durch den Umstand, dass aufgrund der Biologie und Körperlichkeit der Subjekte ihr verfügbarer Umfang beschränkt, aber die Verwendungsmöglichkeiten aufgrund des immensen technologischen Fortschrittes und der enormen Gütervielfalt sowie Freizeitmöglichkeiten extrem vielfältig geworden ist, werden Raum und Zeit zu einem knappen Gut (vgl. FRANCK 2002:61). Sprich, wenn der Raum an Bedeutung verliert, warum drückt dann die Beengung so sehr (FRANCK 1997:903)? Somit wird Raum nicht durch neue Transporttechniken komprimiert, sondern genauso wie bei der Zeit, ist dies den wachsenden Möglichkeiten zu schulden. Und dies kombiniert mit der Sachzwanglogik der Produktivitätsgewinne (Kap. 2.4) bedeutet, dass die hoch modernen Städte, die Orte sind, wo Raum- und Zeitknappheit am stärksten zusammentreffen.

Raumkompression im absoluten Raumverständnis geschieht aufgrund wachsender Wirtschaft sowie steigendem Einkommen und somit wachsender Konsumtion. Denn mit den steigenden Löhnen, steigen die Arbeitskosten, wächst die Arbeitsfläche pro Arbeitsplatz, steigt der Wunsch und die finanzielle Möglichkeit nach größeren Wohn- und Freiraum. Jedoch die Hoffnungen auf freie Entfaltung werden aufgrund der wachsenden Arbeitsfläche komprimiert (z. B. Wohnung weit außerhalb der Stadt).

Zeitknappheit entsteht nun durch die längeren Anfahrtswege (Wohnort – Arbeitsort). Aber die Alternative in einer hoch dynamischen sozial kulturellen Umwelt lautet, Zeitersparnisse durch Beschleunigung. Paradoxerweise führt dies, aufgrund von Synchronisationsproblemen, zur Beharrung. Verkehrsstaus sind in hoch modernen industriellen Städten die Regel. Denn das Verkehrswesen selbst benötigt Raum, welcher bei dem Wachstumsdruck der Industrie knapper wird. Diese nach FRANCK (2002:62ff.) ausgebaute Sachzwanglogik wird durch den Beschleunigungsdruck weiter kumuliert beziehungsweise steckt hier ein Grund dessen.

Abschließend kann mit den Worten von FRANCK (2002:65) formuliert werden, als raum- und zeitlich ausgedehnte Wesen nehmen wir Menschen, „um so mehr Raum in Anspruch, je geschwinder [...] körperliche Aktionen werden". Und damit bekommt ROSAS Theorie der sozialen Beschleunigung (2005a) einen neuen Denkansatz. Denn in einer beschleunigten Welt muss nicht nur der soziale Raum, sondern auch der absolute Raum eine essentielle Rolle spielen, anstatt durch Temporalstrukturen seine Bedeutung abzuerkennen.

Literatur

BORMANN, R. (2001): Raum, Zeit, Identität. Sozialtheoretische Verortungen kultureller Prozesse. Opladen: Leske + Budrich.

FRANCK, G. (1997): Künstliche Raumzeit. Zur ökonomischen Interpendenz von Raum und Zeit. In: Mekur **582/583**, 902-913.

FRANCK, G. (2002): Soziale Raumzeit. Räumliche und zeitliche Knappheit, räumliche und zeitliche Diskontierung, reale und temporale Veränderung. In: HENCKEL, D, & M. EBERLING (Hrsg.): Raumpolitik. Opladen: Leske & Budrich, 61 – 80.

FÜLGRAFF, G. (1997): Entschleunigung. In: BACKHAUS, K. & H. BONUS (Hrsg.): Die Beschleunigungsfalle oder der Triumph der Schildkröte. 2. Auflage. Stuttgart: Schäffer-Poeschel Verlag, 47 – 65.

GIDDENS, A. (1997): Die Konstitution der Gesellschaft. Grundzüge einer Theorie der Strukturierung. Frankfurt: Campus Verlag.

Harvey, D. (1990): The Condition of Postmodernity. An Enquiry into the Origins of Cultutal Chang. Oxford: Blackwell.

JOHANNSEN, J. (2004): „Afrikaner haben die Ruhe weg". Zeitkulturelle Vorurteile und andere Wahrheiten. In: ROSA, H. (Hrsg.): fast forward. Essays zu Zeit und Beschleunigung. Standpunkt junger Forschung. Hamburg: Körber Stiftung, 47 – 56.

KANT, E. (1838): Schriften zur Philosophie im Allgemeinen und zur Logik. In: Immanuel Kants Werke. Gesammtausgabe in zehn Bänden. Bd. **1**. Leipzig: Rodes und Baumann. <http://books.google.de>

LATKA, T. (2003): Topisches Sozialsystem. Die Einführung der japanischen Lehre vom Ort in die Systemtheorie und deren Konsequenzen für eine Theorie sozialer Systeme. <http://www.topisches-sozialsystem.de/ch03s02.html> (Stand: 2003) (Zugriff:2009-05-25).

LEVINE, R. (2008[14]): Eine Landkarte der Zeit. Wie Kulturen mit Zeit umgehen. München: Piper.

LÖW, M. & G. STURM (2005): Raumsoziologie. In: KESSEL F., C. REUTLINGER, S. MAURER & O. FREY (Hrsg.): Handbuch Sozialraum. Wiesbaden: VS Verlag für Sozialwissenschaften, 31 – 48.

LÜBBE, H. (1997): Gegenwartsschrumpfung. In: BACKHAUS, K. & H. BONUS (Hrsg.): Die Beschleunigungsfalle oder der Triumph der Schildkröte. 2. Auflage. Stuttgart: Schäffer-Poeschel Verlag, 47 – 65.

LUHMANN, N. (1990): Die Zukunft kann nicht beginnen: Temporalstrukturen der modernen Gesellschaft. In: SLOTERDIJK, P. (Hrsg.): Vor der Jahrtausendwende: Bericht zur Lage der Zukunft. Bd. **1**. Wiesbaden: Suhrkamp, 119 – 196.

LUHMANN, N. (1994⁴): Die Knappheit der Zeit und die Vordringlichkeit des Befristeten. In: LUHMANN, N. (Hrsg.): Politische Planung. Aufsätze zur Soziologie von Politik und Verwaltung. Opladen: Westdeutscher Verlag, 143 – 161.

NASSEHI, A. (2008²): Die Zeit der Gesellschaft. Auf dem Weg zu einer soziologischen Theorie der Zeit. Wiesbaden: VS Verlag für Sozialwissenschaften.

ROSA, H. (2004): Wider die Unsichtbarmachung einer „Schicksalsmacht". Plädoyer für die Erneuerung der Kapitalismuskritik. In: Berliner Debatte Initial. Bd. **15**, Jg 2004, 81 – 90.

ROSA, H. (2005a): Beschleunigung. Die Veränderung der Zeitstruktur in der Moderne. Frankfurt am Main: Suhrkamp.

ROSA, H. (2005b): Historische Bewegung und geschichtlicher Stillstand. Der Zusammenhang von sozialem Wandel und Geschichtserfahrung. In: Berliner Debatte Initial. Bd. **16**, Jg. 2005, 12 – 24.

ROSA, H. (2008): Immer schneller und immer oberflächlicher. Die beschleunigte Gesellschaft. <http://www.swr.de/swr2/programm/sendungen/wissen/-/id=3510638/property=download/nid=660374/1hbljeg/swr2-wissen-20080629.rtf> (Stand: 2008-06-29) (Zugriff: 2009-06-18).

ROSA, H. (2009): Ich bin pleite! Warum es uns unmöglich ist, alt und lebenssatt wie Abraham zu sterben. In: Publikum-Forum Extra. Zeit. Heute schon gelebt? **1/09**. Oberursel: Publikum-Forum Verlagsgesellschaft, 10 – 12.

ROSA, H. & LORENZ S. (2009): Schneller kaufen! Zum Verhältnis von Konsum und Beschleunigung. In: Berliner Debatte Initial. Bd. **20**, Jg. 2009, 10 – 18.

SCHALTENBRAND, G. (1988): Bewusstsein und Zeit. In: ZOLL, R. (Hrsg.): Zerstörung und Wiederaneignung von Zeit. Frankfurt am Main: Suhrkamp, 37 – 71.

SCHROER, M. (2006): Räume, Orte, Grenzen. Auf dem Weg zu einer Soziologie des Raumes. Frankfurt am Main: Suhrkamp.

SURY, A. (2006): Gefangen im Tempodrom. In: Der kleine Bund. <http://194.209.226.170/pdfarchiv/bund/2006/02/04/KLB20060204006_1.pdf> (Stand: 2009-02-04) (Zugriff: 2009-05-25).

VIRILIO, P. (1993): Revolution der Geschwindigkeit. Berlin: Merve Verlag.

WERLEN, B. (2007²): Globalisierung, Region und Regionalisierung. Sozialgeographie alltäglicher Regionalisierungen. Bd. **2**. Stuttgart: Franz Steiner Verlag.

YU, H. & S.-L. SHAW (2005): Revisting Hägerstrand's Time-Geographie Framework for Individual Activities in the Age of Instant Access. <http://www2.geog.okstate.edu/users/HongboYu/Papers/Yu_Shaw_2005.pdf> (Stand:2005) (Zugriff: 2009-08-10).

YU, H. & S.-L. SHAW (2007): Revisting Hägerstrand's time-geographie framework for individual activities in the age of instant access. In: MILLER, H.-J. (Hrsg):

Societies and cities in the age of instant access. The GeoJournal Library 88. Dordrecht: Springer, 103-118.

ZOLL, R. (1988): Krise der Zeiterfahrung. In: ZOLL, R. (Hrsg.): Zerstörung und Wiederaneignung von Zeit. Frankfurt am Main: Suhrkamp, 9 – 35.